Nadia BENSAÂD REDJEL

Porto de Bône (Argélia): arquivos e documentos

Nadia BENSAÂD REDJEL

Porto de Bône (Argélia): arquivos e documentos

ScienciaScripts

Cover image: www.ingimage.com

This book is a translation from the original published under ISBN 978-620-6-71888-8.

Publisher:
Sciencia Scripts
is a trademark of
Dodo Books Indian Ocean Ltd. and OmniScriptum S.R.L publishing group

120 High Road, East Finchley, London, N2 9ED, United Kingdom
Str. Armeneasca 28/1, office 1, Chisinau MD-2012, Republic of Moldova, Europe
Printed at: see last page
ISBN: 978-620-7-96105-4

PORTO DE BONE (ARGÉLIA) : ARQUIVOS E DOCUMENTOS

Este documento é um primeiro contacto rápido com os documentos gráficos e escritos relativos à construção do porto de Bône (hoje Annaba) durante o domínio colonial francês. Entre 1846 e os anos 50, o porto beneficiou de uma série de projectos e de ideias que visavam fazer da cidade de Bône uma cidade portuária exemplar. O objetivo é partilhar a nossa experiência de pesquisa e de utilização de documentos de arquivo com um público de investigadores e curiosos. Podemos desde já assinalar o interesse renovado pela investigação histórica em Bône e no resto da Argélia, o que fará deste documento um suporte indispensável para os trabalhos de geografia histórica, de história do urbanismo ou para aqueles que se debruçam sobre a interação dos actores institucionais.Desde 1832, ano da tomada de Bône pelos engenheiros militares franceses, até 1846, ano em que foram elaborados os primeiros projectos de porto, os engenheiros preocuparam-se mais em proteger a cidade do que em abri-la ao mar. Consideradas como uma fronteira inquietante, aberta à invasão e à intrusão estrangeira, as frentes marítimas sempre sofreram as desvantagens da sua localização fronteiriça. Durante as duas primeiras décadas, as margens de Bônois permaneceram tal como eram, pontuadas por fortes e lazaretos, dando-lhes o rosto do arquétipo da cidade militar e portuária histórica francesa[1] .

Neste contexto, a nossa abordagem consiste em examinar e reconstruir os projectos das instalações portuárias construídas durante o período colonial francês, numa tentativa de revisitar os efeitos da proximidade do porto em relação à cidade.

Palavras-chave : Porto - Bône - Argélia Colonial - Pontes e Auto-estradas - Engenharia militar

ÍNDICE DE CONTEÚDOS

CONSTRUÇÃO DE UM PORTO NA CIDADE DE BONE (ARGÉLIA): UMA HISTÓRIA DE CO-PRODUÇÃO DE UM ESPAÇO HÍBRIDO ... 3

UM PORTO PARA DOIS NEGÓCIOS ... 3

PONTS ET CHAUSSEES, ENGENHARIA MILITAR: A DIVISÃO DO TRABALHO ... 5

OBRAS DE CONSTRUÇÃO E DATAS IMPORTANTES: 1855 - 1878 - 1909 ... 8

MOULINIER DISCURSOS DE AUTORIDADE ... 11

O PORTO, OS SEUS LUGARES E OBJECTOS DE DISCÓRDIA À LUZ DA VIRAGEM EXPANSIONISTA DO PORTO ... 17

ABERTURA DA RUE DE LA TRANCHEE ... 24

EXPANSÃO DO PORTO E SUBDIVISÃO DA CIDADE NUM ÚNICO ACTO ... 28

DESVIO DE BOUDJIMAH ... 31

CONCLUSÃO ... 38

DOCUMENTOS ... 40

BIBLIOGRAFIA ... 57

CONSTRUÇÃO DE UM PORTO NA CIDADE DE BONE (ARGÉLIA): UMA HISTÓRIA DE CO-PRODUÇÃO DE UM ESPAÇO HÍBRIDO

UM PORTO PARA DOIS NEGÓCIOS

As primeiras ideias sobre a construção do porto de Bône datam de 1841, e o desenvolvimento e a melhoria das estruturas e das infra-estruturas começaram efetivamente em 1846 e prolongaram-se até ao final do século XIX. As diferentes etapas da construção do porto e da formação do tecido urbano associado podem ser resumidas em três fases. Em primeiro lugar, o desenvolvimento da pequena doca e o reordenamento urbano que se seguiu. Seguiu-se a conceção e a construção da grande doca, o prolongamento para o mar e o desenvolvimento do bairro marítimo. O cais de Souleyre, a zona de manobras, a construção da estação ferroviária e o bairro comercial[2] foram os últimos retoques do projeto portuário de Bône. O crescimento do porto está ligado à evolução do tecido urbano. O porto de Bône é especial pelo facto de representar esta dupla realidade. É uma infraestrutura portuária funcional por direito próprio e, ao mesmo tempo, faz parte integrante da cidade, uma vez que está virado para ela. A construção do porto de Bône foi feita ao longo de várias décadas. De facto, começou com as primeiras ideias avançadas em 1841 e continuou a investir cada vez mais terreno até 1932-33. Após um longo período de gestação, Bône tornou-se um centro estratégico e comercial fundamental nas possessões francesas[3] .

Tomando progressivamente consciência da sua posição estratégica no litoral, Bône dispunha de um vasto leque de locais para construir o seu porto. Na sua construção, o porto foi imediatamente contíguo à cidade, após a regularização das amarrações arcaicas que aí se encontravam. Desde a construção do seu primeiro cais, Bône assistiu a um florescimento de propostas de locais para a construção de um porto digno da potência francesa. As direcções principais eram duas, a Seybouse a sul e o Cap de Garde a norte, ambas protegidas dos ventos. Desde os primeiros planos, dois departamentos governamentais estiveram envolvidos no projeto do porto: o departamento de engenharia militar e o departamento de estradas e pontes. O primeiro, na qualidade de autoridade representativa da colonização desde a década de 1830 até ao final do século XIX, e o segundo através da sua experiência. Por detrás do termo "área" está o de delimitação, conhecido pelos engenheiros militares mais como uma estratégia de fixação do território do que de expansão. É importante notar que a regularidade do traçado do ancoradouro e dos canais de drenagem da cidade decorre da mesma lógica. Note-se também a precisão com que o nivelamento é representado. A precisão está a tornar-se um dado adquirido, pelo que as práticas do departamento de pontes e estradas devem ser utilizadas como critério de distinção entre projectos? Além disso, a exigência de um projeto completo na altura implicava a disponibilização de estimativas dos trabalhos previstos. Estas estimativas eram essenciais para o processo de negociação dos orçamentos com as autoridades, mas só foram elaboradas muito mais tarde, em 1855.

PONTS ET CHAUSSEES, ENGENHARIA MILITAR: A DIVISÃO DO TRABALHO

E se, por um lado, o estatuto da ideia assume uma dimensão colectiva através da formulação do génio militar "oficiais que tomaram parte na elaboração do projeto...", a identificação do porto pelo nome do seu construtor, o cais de Souleyre, por exemplo, oferece uma dimensão mais individualizada dos projectos de estradas e pontes.Projeto arcaico, como os que se encontram no Mediterrâneo[4] , solução provisória, o projeto inicial do porto dos anos 1840 não pode ser visto como uma estrutura moderna: embrionário e inacabado, superfície insuficiente, falta de precisão. A prevalência da precisão sob todos os pontos de vista continua a ser a chave do sucesso do projeto. Este facto está bem patente nos textos das conferências conjuntas[5] , aos quais estão associadas as figuras 1, 2 e 3.

Figura 1: Primeiras alterações do ancoradouro de Bône

Gréban, 1849, Plano de conjunto da costa mostrando a localização das diferentes baterias propostas pela comissão de defesa da costa argelina no seu relatório de 10 de abril de 1848.

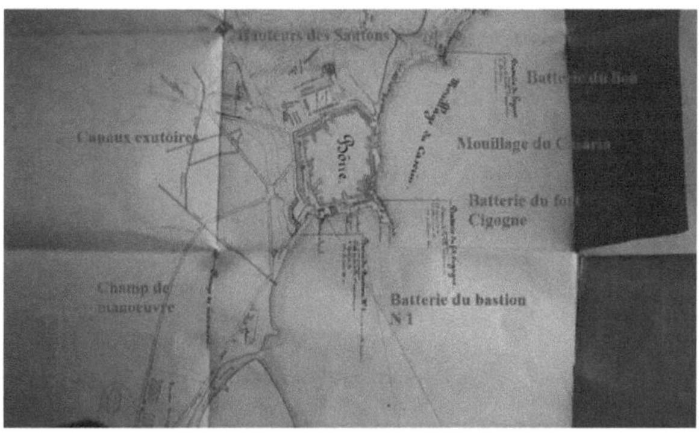

Fonte: Projectos 1VH 383 para 1849; Arquivos do Serviço Histórico do Exército de Terra (SHAT), Vincennes

Esta figura é extraída de um plano de toda a orla de Bône, mostrando a série de baterias propostas ao longo desta orla. O que viria a ser o limite sul do porto de Bône situa-se entre a bateria do Baluarte nº 1 e a do Forte Stork.

Figura 2 Regularização dos bordos do Quai Tiré du croquis de Gréban, 1878, état d'avancement du travail de bornage, 1/5000e, Bône,

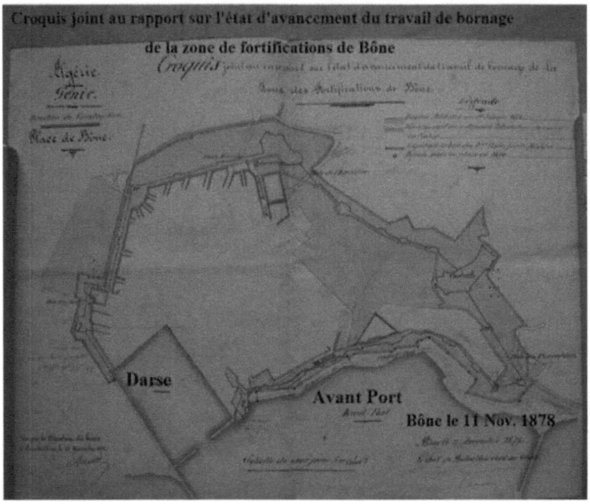

Fonte: 1VH 387, Archives du Shat, SHD, Vincennes, Paris.

Neste plano, o traçado do porto de Bône aparece na sua forma definitiva, ou seja, em U, e em contacto imediato com a cidade, ela própria em estado de demarcação definitiva: limites das fortificações, zonas de servidão, muralhas e portas, sendo o anel fechado pelo cais do porto.

O projeto do porto só surgiu no debate público após a decisão ministerial de 30 de outubro de 1852, que deu origem a um projeto mais complexo e pormenorizado do que qualquer outro que o precedeu. Apesar do desfasamento temporal entre a decisão e o projeto, os dois acontecimentos estão relacionados. Os documentos escritos dizem-no claramente[6] . O projeto elaborado pelo serviço de pontes e estradas em conformidade com esta decisão ministerial foi anotado por oficiais da engenharia militar, que contribuíram para o debate por razões de segurança. Acima de tudo, os projectos andavam por vezes constantemente para trás e para a frente, com o único objetivo de obter o acordo do Ministério da Guerra, a autoridade legítima da época. Até então, a engenharia militar, as estradas e pontes e o Ministério da Guerra eram os três intervenientes directos nos projectos do porto.

OBRAS DE CONSTRUÇÃO E DATAS IMPORTANTES: 1855 - 1878 - 1909

Figura 3 Esboço do porto mostrando exatamente todas as profundidades da pequena doca e da grande doca; originalmente intitulado: Port de Bône. Esboço anexado à nota do comandante engenheiro sénior datada de 7 de agosto de 1854.

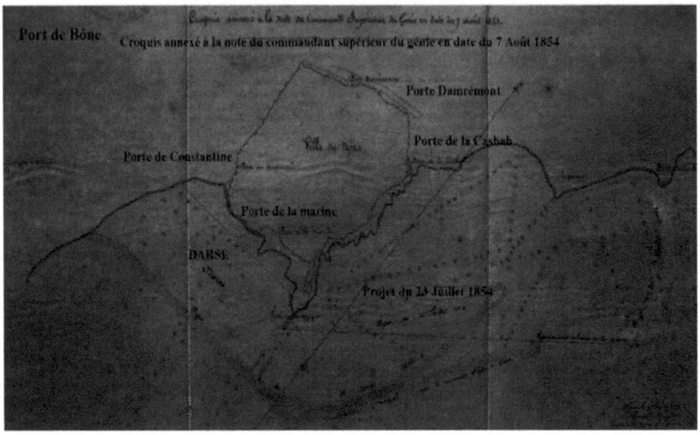

Fonte: 1H866; Arquivos SHAT; Vincennes

A figura mostra a cidade velha dentro dos seus limites fortificados, as suas quatro portas e, no seu sopé, o primeiro esboço do porto. Este traçado é tornado mais fiável pelo O esboço mostra igualmente o traçado do futuro porto exterior e o da rue de la tranchée que lhe dá acesso. O esboço mostra igualmente o traçado do futuro porto exterior e o da rua da travessa que lhe dá acesso. O anteprojeto do engenheiro-chefe de Lannoy, validado em 1853 e completado pelo projeto definitivo de 1855, previa a pequena doca de 11 hectares, precedida de um porto exterior de 50 hectares, que viria a ser a grande doca. Este projeto termina com um plano urbanístico que mostra o bairro marítimo, que permaneceu na fase de ideia. A faixa assim desenhada não é nem urbana nem portuária, pois é as duas coisas ao mesmo tempo. Está orientada no sentido oeste-leste e atravessa o limite da cidade de ponta a ponta. Que tipo de espaço portuário poderia ser criado nestas condições? Será que esta via, portuária ou urbana, tem todas as

necessidades de uma "zona" portuária, uma vez que funciona mais como uma fronteira? "Mas a orientação do canal, com uma abertura de 450 m virada para nordeste, tornava o acesso difícil ou mesmo impossível [...] o Oued Boudjimah despejava também os seus depósitos aluviais na doca, que assoreava e ameaçava tornar-se inutilizável e malcheirosa"[7] .
As obras do pequeno cais, concluídas em 1870, só puderam ser terminadas com o desvio do Boudjimah para o Seybouse. A ideia de um porto de retaguarda no wadi de Seybouse foi assim abandonada e, embora a história reconhecesse mais tarde o seu interesse particular, não se falou mais dela durante décadas. Os anos de 1885 registaram melhorias gerais. O desvio do Boudjimah, que estava intimamente ligado à funcionalidade do porto, entrou também no ciclo dos projectos de modernização de Bône. Desta série de ideias surgiu a ideia de criar uma estação de caminho de ferro, que só ficará concluída em 1875[8] , mas antes disso, a prioridade era alargar a rede ferroviária, de que Bône era a cabeça.Da relação mais ou menos forte entre todas estas situações, o desvio do Boudjimah, a construção da estação e a do porto, só o porto conseguiu atrair a atenção do departamento de pontes e estradas. O projeto elaborado pelos seus serviços não se afastava muito da ideia inicial apresentada anteriormente (Figura 1). O mesmo se passa com os serviços de engenharia militar, onde a cor, a legenda, os títulos e os desenhos indicam, em geral, a mesma coisa. Uma caraterística distintiva é, no entanto, o domínio do nivelamento por parte do corpo de engenharia civil. Assim, a profundidade dos pontos sondados no fundo do mar, apresentada em decímetros, continuará a ser o domínio privilegiado das pontes e das estradas, tanto quanto o traçado dos meridianos e dos paralelos (Figura 4). Uma lembrança da contribuição deste plano foi assinada pelo Ministro das Obras Públicas, cujo apoio foi decisivo para o corpo de exército.

Figura 4 elaborada em conformidade com a decisão ministerial de 30 de outubro de 1852 projeto mantido por Ponts & Chaussées 1854-55

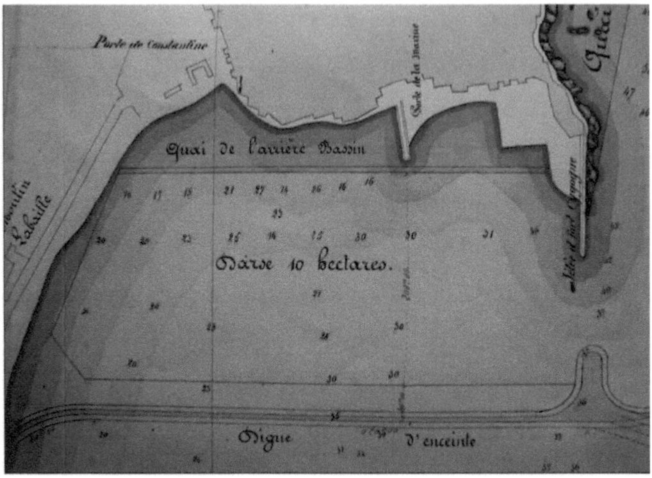

Fonte 1H866 ; Archives du SHAT, Vincennes ; Evolução do projeto do porto de Bône

A fiabilidade do projeto portuário elaborado pela Ponts et Chaussées deve-se à sua precisão em todos os pontos, nomeadamente no que se refere às profundidades. Além disso, a figura mostra as comportas de Bône, o moinho de Labaille, o traçado do cais na bacia interior, a doca de 10 hectares e, por último, o quebra-mar circundante.

MOULINIER DISCURSOS DE AUTORIDADE

Uma simples análise das regras de composição deste plano poderia levantar questões sobre a conformidade do projeto com as "regras de composição" praticadas à época por este mesmo corpo de pontes e estradas, tal como consta do atlas consultado para o efeito[9] .

O atlas apresenta um número interessante de projectos portuários mediterrânicos (Argel, Oran, Bône, Saïd, Alexandria, Marselha, etc.), o que permite compará-los, mesmo que rapidamente. Surgem algumas características comuns (cais, docas, molhes, etc.), mais ou menos estabilizadas em função dos projectos ou dos portos em construção, e que remetem mais para planos do que para manuais de métodos de construção ou práticas especializadas. A questão é saber até que ponto este porto, que é sobretudo uma construção técnica ou que deve assegurar certas disposições técnicas, pode ser também uma construção "estética". A catalogação dos seus trabalhos, num atlas por exemplo, foi sem dúvida um ponto de viragem para os Ponts et Chaussées, marcando o território do saber que se tornava seu, e que não precisava de lembrar demasiado o carácter técnico das suas práticas[10] . Embora os próprios Ponts et Chaussées não pretendessem referir-se a estas regras da arte através de "regras de composição", parece-nos que ela é apoiada pelo seu projeto do porto de Bône. Encontra apoio no facto de o corpo pertencer ao departamento de obras públicas, responsável pelas grandes obras do Estado e cuja compatibilidade com o departamento de construções civis não era muito questionada[11] .

Os projectos do porto de Bône obrigaram os engenheiros a refletir sobre a forma como se podia articular uma "composição" com a necessidade de obter uma "área" específica para esta infraestrutura. Esta configuração, que a longo prazo se reduzirá a um traçado o mais regular possível e o mais setentrional possível, não tem nada de muito especial, a não ser o facto de ter sido desenvolvida durante um longo período de tempo, de ter sofrido várias configurações, constituídas por arranjos progressivos. Os avanços progressivos sobre o mar, através da construção de cais, permitiram composições dispostas a ponto de delimitar uma verdadeira zona portuária, a que se conhece desde a década de 1870.

A exaustividade do dossier "Projet du port arrêté le 4 février 1855", aliada à exatidão dos seus dados e ao seguimento que lhe foi dado, por ter sido realizado, fazem dele um documento de recurso, cujo estudo é crucial para o nosso conhecimento do itinerário do porto de Bône. R. Lespes, que associou o desenvolvimento do porto de Bône ao desenvolvimento dos recursos mineiros do leste de Constantino, insistiu mais nas tonelagens que entravam e saíam dos cais do que na sua configuração. Estará a sua progressiva expansão realmente ligada ao aumento de tonelagem referido por Lespes? Ou será que o porto teve de crescer com base numa projeção para o futuro? O trabalho de Lespes mostra-nos até que ponto o porto de Bône foi construído para o minério de ferro. As variações do tráfego marítimo são disso testemunho. Mas será que o seu futuro continua a depender dele? A sua expansão reflecte a expansão da exploração mineira ou a multiplicação das suas funções... Com o porto aconteceu o mesmo que com as fortificações: a simultaneidade dos acontecimentos urbanos é aqui notória: estudava-se um novo recinto ao mesmo tempo que se elaborava um plano de alinhamento da "cidade nova", plano de alinhamento esse que devia fazer face aos sucessivos traçados dos cais do porto. Era-nos difícil medir a extensão do território definido por uma zona portuária em constante evolução, que o plano de ordenamento incorporava ou desaprovava. A figura 4 ilustra claramente o que foi sublinhado pelo comandante da engenharia superior de Bône: "Concluímos, portanto, que este projeto de dragagem deve ser rejeitado e que os 150.000 Fr. previstos pelo Ministro da Guerra para o porto de Bône devem ser aplicados no molhe sul [...] se necessário, serão feitas dragagens"[12].

Com base nas grandes linhas dos projectos portuários da década de 1840, a ponte-cais sul tornou-se o fator determinante na configuração do porto, que estava a ser redesenhado. Assim, a configuração final em U é simplesmente o resultado de três fases sucessivas, cada uma das quais traçou uma crista distinta: a norte, depois a leste e, por fim, a sul, como se pode ver acima. Podemos interrogar-nos sobre as razões de tal "hesitação", se, de qualquer modo, o assoreamento provocado pelo Boudjimah contribuiu largamente para o empurrão das areias em direção ao mar (Caixa 5).

Caixa 5: Extrato do registo das deliberações da Comissão de Fortificações (5 de fevereiro de 1858);

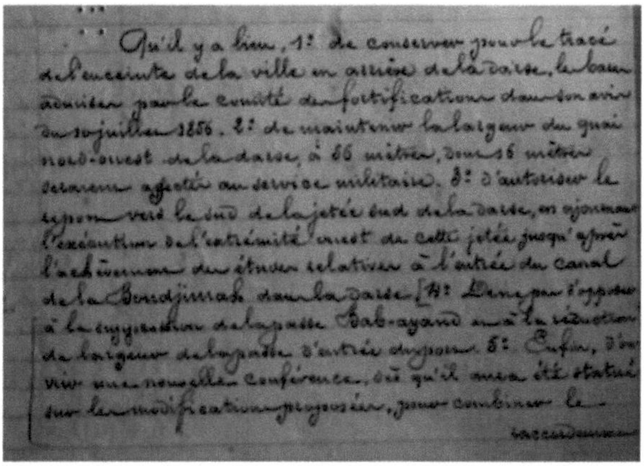
... Qu'il y a lieu, 1° de conserver pour le tracé de l'enceinte de la ville en arrière de la darse, la base adoptée par le comité des fortifications dans son avis du 30 juillet 1856. 2° de maintenir la largeur du quai nord-ouest de la darse, à 66 mètres, dont 56 mètres seraient affectés au service militaire. 3° d'autoriser le [illegible] vers le sud de la jetée sud de la darse, en ajournant l'exécution de l'extrémité ouest de cette jetée jusqu'après l'achèvement des études relatives à l'entrée du canal de la Boudjimah dans la darse. [4° Dans par s'opposer à la suggestion de la passe Bab-azoun [illegible] à la réduction de la largeur de la passe d'entrée du port. 5° Enfin, d'ouvrir une nouvelle conférence, où qu'il aura été statué sur les modifications proposées, pour combiner le raccordement

Fonte: 1H 866; Archives du Shat; Vincennes

É de notar que o corpo de engenharia civil parece ser o único a opor-se ao serviço de engenharia militar em questões relacionadas com o desenvolvimento urbano. Estes confrontos, que o corpo não hesita em designar por "protestos", terminaram com a adoção de pareceres convergentes por parte das conferências (Figura 7). Este consenso, por vezes um pouco forçado, é um facto histórico interessante, e os documentos de arquivo reproduzem-no com uma fidelidade notável, razão pela qual constituem para nós um documento de recurso decisivo. A título de exemplo, refira-se "a ata de uma conferência sobre a organização defensiva da doca e do porto", realizada em finais do século XIX. engenharia, artilharia e marinha, por um lado, e pontes e estradas, por outro[13] (Caixa 6).

Caixa 6: Protesto "Ponts et Chaussées": Território militar ou servidões militares versus zonas portuárias ou edifícios para P&C e o porto;

Protestation P&C

A Bône le 3 aout 1893

Rapport du capitaine Moulinier, Chef du Génie, à Bône Au sujet de la délimitation intérieure de la zone des servitudes entre les bastions 6 et 2, à Bône ;

M. L'Ingénieur ordinaire des Ponts et Chaussées de l'arrondissement de Bône, faisant connaitre que son service désirait remplacer par une construction en maçonnerie la baraque en planche située sur le quai Nord de la darse à Bône où elle sert de bureau pour le capitaine du port, demande si l'édifice dont il s'agit se trouve dans la zone des servitudes, et, dans le cas de l'affirmative, sollicite l'autorisation d'entreprendre la construction projetée.

La baraque en question est située dans la zone unique des servitudes de la place, telle que cette zone a été délimitée suivant le procès verbal de bornage du 19 Février 1872, homologuée le 20 avril 1878.

Fonte: 1H 851; Arquivos Shat; Vincennes

A carta do Sr. L'Ingénieur des Ponts et Chaussées levanta a seguinte questão de princípio, sobre a qual o Engenheiro-Chefe tem a honra de solicitar instruções.

Figura 7 Esboço anexo ao relatório relativo a um protesto do engenheiro ordinário dos Ponts et Chaussées, apresentado em três desenhos diferentes.

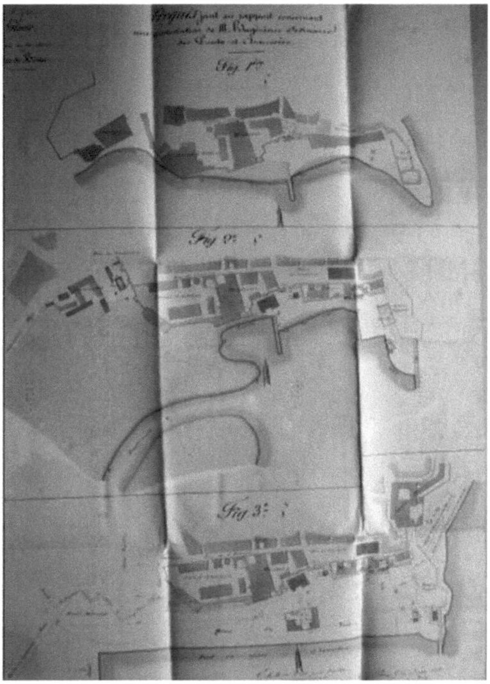

Fonte: 1VH 390; Arquivos Shat; Vincennes

A figura mostra a evolução progressiva da construção do cais norte do porto de Bône e o seu avanço em direção ao mar Mediterrâneo. Este facto constitui uma das realizações dos Ponts et Chaussées e está na base do seu protesto. Este último reivindicava o direito dos Ponts et Chaussées de obter um terreno para a construção da sua sede. A única coisa que geralmente recordamos dos trabalhos de conceção de pontes e estradas é a contribuição pragmática dos seus trabalhos ou planos. Esta é uma visão muito simplista da procura de forma urbana que eles podem demonstrar. Se examinarmos todas as vias na sua relação com os limites de Bône, o objetivo de todos os planos elaborados por estes engenheiros é, de facto, a criação de uma estrutura material. Esta última desempenhou um papel importante no significado da forma urbana resultante. É importante compreender o trabalho pioneiro destes engenheiros na medida em que rompeu com a linguagem clássica das construções civis e com a linguagem pragmática da engenharia. Antes de mais, era preciso compreender o que estava em causa no protesto. Mas isso só é possível através da leitura dos inúmeros traçados, que à primeira vista parecem complexos, mas que são reveladores de uma vontade séria de criar um todo urbano e portuário. A dimensão resiliente reside no facto de o serviço de pontes e estradas ter querido tornar definitiva a sua ocupação da zona portuária, com a construção sólida de um edifício para albergar a sua administração (Figura 8). Na sua opinião, trata-se de um tributo à competência que empregaram para assegurar a construção do porto de Bône.

Figura 8 Edifício Ponts et chaussées, objeto do protesto;

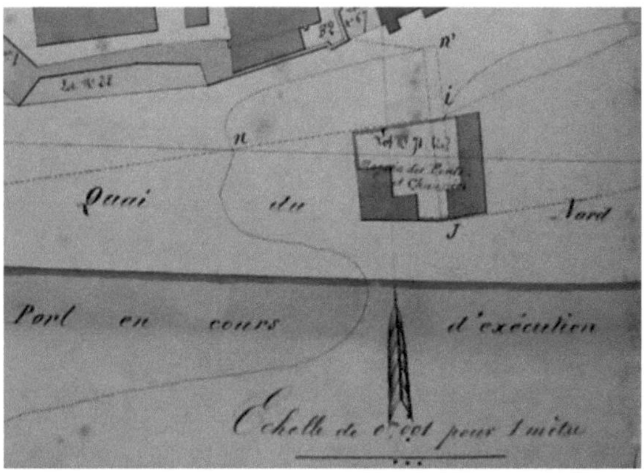

Fonte: 1VH 390; Arquivos do Shat; Vincennes

A vermelho, no centro da figura, encontra-se o edifício provisório do departamento de Ponts et Chaussées, objeto do seu litígio com os engenheiros militares. O departamento de Ponts et Chaussées reclamava o seu direito de construir um edifício permanente no lugar do provisório, com base na sua contribuição e experiência na construção dos cais norte da doca do porto de Bône.

O PORTO, OS SEUS LUGARES E OBJECTOS DE DISCÓRDIA À LUZ DA VIRAGEM EXPANSIONISTA DO PORTO

O porto estimulou a cidade ou foi estimulado pela cidade? Além disso, numa época de crescimento dos movimentos marítimos, e é isso que a obra de R. Lespes assinala, o porto tinha necessidade de se expandir e será que Bône se recompôs a partir desse facto? Teremos provavelmente de re-situar os debates em relação à relação cidade-porto. A literatura urbana atual é abundante e produz um número enorme de posições sobre a questão. A este respeito, cada disciplina tem o seu próprio ponto de entrada, a sua própria posição e a sua própria abordagem. a sua conceção. Em termos gerais, existem duas acepções, consoante se trate de abordagens pragmáticas de planeamento ou de uma abordagem mais teórica da análise da problemática urbano-portuária como objeto de investigação[14] .

Alargamento

À medida que se expandia, o porto de Bône foi-se desligando do centro da cidade, construindo bacias e cais que se afastavam dele. De facto, o seu afastamento do centro da cidade resulta da primeira passagem de fronteira da história de Bône (Figura 9). Nenhuma outra representação, para além da realizada pelo departamento de pontes e estradas em 1886, ilustra melhor este cruzamento. Desta forma, uma nova estrutura portuária foi criada a partir do zero: pela transposição do mar através de um sistema de enchimento, pela construção de novos cais e pela subdivisão das áreas assim conquistadas, bem como pela abertura de uma doca, atualmente conhecida como grande darse. Todo este conjunto faz parte das primeiras periferias distintas de Bône (Figura 10). Esta redefinição da cidade como porto, contemporânea dos grandes movimentos de crescimento, teve um impacto importante na orientação da cidade. O crescimento para norte começou a ser considerado apesar dos obstáculos topográficos, os aterros e as margens, e apesar dos obstáculos defensivos, os limites e as fortificações. Assim, o crescimento do porto e o da cidade podem ser vistos como dois acontecimentos interligados. A necessidade de construir o novo porto era evidente. Mas depois surgiu a questão da localização das infra-estruturas. Nas numerosas propostas para acolher a expansão, foram considerados dois locais, ambos adjacentes ao porto ou à pequena doca. As primeiras ideias de pontes e estradas concentraram-se nas margens do Seybouse, ao que parece por efeitos de retorno da história romana de Bône. Mas, mais concretamente, o transporte fluvial não foi a única razão. A disponibilidade de espaço libertado pelo enchimento do curso de Boudjimah, a proximidade da pequena doca e a abertura das estradas, antes da dos caminhos-de-ferro, devem ter contribuído para a escolha deste tipo de local. O terreno é plano, mas exige obras de drenagem dispendiosas.

Travar a expansão do porto: o momento Souleyre e a pluralidade dos actores

No entanto, o local de implantação do projeto de expansão é o porto exterior, que é uma continuação indireta do porto do lado norte e está situado abaixo da encosta da cidade velha. É abrigado, mas acidentado, e exige um avanço para o mar. A prevalência da segunda solução torna o novo porto autónomo, com uma plataforma, grandes cais e uma distinção do tecido da cidade que é acentuada pelo aterro. Em termos de urbanismo, é necessário distinguir entre o projeto escolhido, onde o contacto com a cidade é certamente problemático, e esta espécie de abertura do crescimento para locais no norte ainda não desenvolvidos.

Figura 9 Ampliação do porto a norte, retirada do Atlas des ports de Méditerranée concebido pelo Corps des ponts et chaussées ;

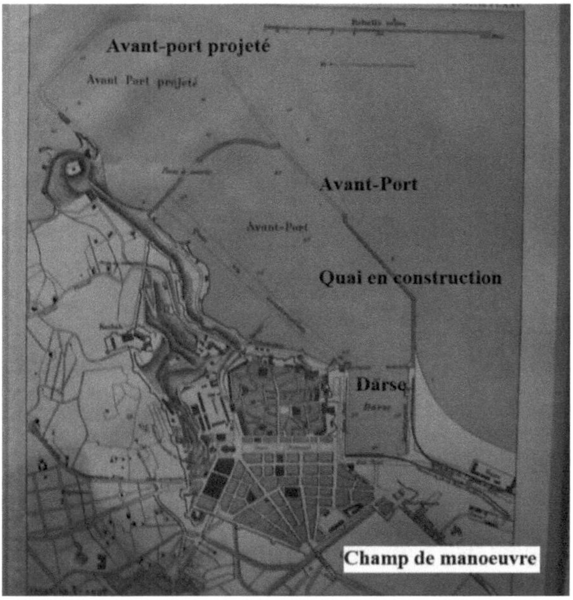

Fonte: ENPC, Atlas de projectos de portos do Mediterrâneo, BNF, cartes & plans, Richelieu, Paris

A figura mostra o contacto imediato entre a cidade velha, o seu tecido antigo e o seu labirinto de ruas, e o porto, os seus componentes e infra-estruturas. Ligado a este conjunto está o porto exterior em construção, os seus cais e a rue de la tranchée. Estas novas infra-estruturas estão viradas para as encostas dos Caroubiers, que ainda não estão urbanizadas. A cidade e o porto no seu conjunto, concebidos de forma menos integrada do que as autoridades actuais teriam desejado, proporcionam um novo equilíbrio apresentado numa conceção global que redefine as possibilidades da cidade no seu conjunto. O projeto, aprovado por "decisão ministerial de 7 de outubro de 1885", previa a criação de um novo porto exterior de 47 hectares a norte do antigo, delimitado, por um lado, pelo prolongamento do molhe sul deste último e, por outro, por um quebra-mar enraizado a oeste na Pointe du Lion, formando uma curva global convexa em direção ao mar alto e quebrando a 200 m da sua origem (Figura 11). O antigo porto exterior tornou-se a grande doca que comunica com o novo porto através de um canal de apenas 70 m de comprimento. No lado norte, foram criados vastos espaços abertos, formando todo um "bairro marítimo". Isto garantiu um acesso fácil ao porto e a tranquilidade da água. Desta série de subprojectos, ordenados dentro do grande projeto do novo porto, nasceu a nova estrutura com um espírito completamente independente do antigo porto: as dimensões de todos os subespaços tendem a crescer, como foi o caso dos espaços das bacias e dos cais, o conjunto agora estruturado em unidades funcionais especializadas. Fisicamente distanciado do antigo porto, o novo porto é também distanciado em termos do espírito que o moldou. Desde o início, não foi feita qualquer referência à integração do porto na cidade: "trata-se de um projeto portuário que não tem necessariamente de estar associado a um projeto urbanístico"[15] , ao contrário da primeira doca, incluída nos vários planos de alinhamento de Bône, esta só muito mais tarde se ligaria à cidade, através de uma simples rua de trincheira, cuja motivação é explícita desde as primeiras ideias.

Figura **10** Projeto escolhido para o novo porto de Bône;

Fonte: 1H 856; Arquivos do Shat; Vincennes

As linhas vermelhas indicam as zonas de habitação e, por conseguinte, a futura cidade funcional, que será constituída por terrenos recuperados através do avanço da orla marítima, tal como indicado pelos procedimentos de planeamento. Estes "polígonos de exceção" acabaram por ser cedidos às administrações do Este é o "porto de Bône". É necessário sublinhar a rapidez com que este progresso foi efectuado, tanto quanto a cidade e o porto se encorajam mutuamente. O pragmatismo, a falta de meios e as dificuldades topográficas de ligar o Grande Darse e os seus cais à cidade sobrepunham-se às qualidades geométricas do traçado forçado a regularizar (Figura 10), e seria preciso tempo para conseguir uma síntese da composição cidade e porto. O abandono progressivo da estética dos planos em favor de um desenho utilitário baseado numa grelha repetitiva eclipsaria subitamente os esforços desenvolvidos pelo serviço de pontes e estradas no seu projeto anterior, como ilustra a figura 58, que mostra a complexidade dos traçados regulamentares. Para criar uma rua que, paradoxalmente, se tornaria o elemento mais estruturante do conjunto portuário assim criado, tiveram de se diferenciar, propondo uma sucessão de estilos arquitectónicos particularmente díspares. A ligação entre o bairro marítimo isolado e a cidade desenvolveu-se progressivamente através da Rue de la tranchée (Figura 12). Na sua reunião de 20 de fevereiro de 1883, a Comissão de Fortificações emitiu o seu parecer sobre o projeto de ampliação do porto, em conformidade com o despacho ministerial de 25 de janeiro de 1883. As conferências de obras conjuntas (engenharia e estradas e pontes) de 16 de novembro de 1882 e de 9 de março de 1880, bem como os desenhos e planos anexos às mesmas, serviram de base a este parecer. Este último foi solicitado pelo Ministro da Guerra, que devolveu todos os documentos: o projeto de ampliação do porto de Bône, completado pela organização de uma deliberação do conselho municipal "aceitando os encargos impostos à cidade" e modificado por uma nova variante proposta pelo engenheiro-chefe das pontes e estradas. O dossier completo inclui um relatório de conferência datado de 16 de outubro de 1882, com desenhos anexos; um relatório do chefe de engenharia de 26 de outubro de 1882, seguido dos pareceres do diretor e do general, comandante superior da engenharia; um relatório de conferência suplementar ao nível de 2ème datado de 3 de dezembro do mesmo ano, com 2 desenhos anexos, e finalmente uma decisão da câmara municipal. A longa duração dos debates é, provavelmente, desnecessária de sublinhar, o que ressalta desta sequência cronológica, devido à luta entre os serviços de engenharia e os serviços de viação, e mesmo se um consenso acaba por surgir sob a forma de resoluções, estas continuam a ser difíceis de obter. Mesmo se a organização de conferências conjuntas pelo departamento de engenharia era um sinal de um certo espírito de conciliação.Todas as medidas urbanísticas tomadas pelos engenheiros tiveram posteriormente repercussões nos outros serviços: a divisão entre o porto e a cidade foi mais uma vez uma oportunidade para tomar medidas para impor o poder dos engenheiros à cidade:"A comissão, depois de ter ouvido a leitura do relatório que especifica e depois de ter deliberado, concorda com o relator em que o serviço militar pode aceitar sem inconveniente a trincheira que conduz ao cais no prolongamento do Boulevard du Nord, com a sua nova largura de 20 metros, bem como a rampa lateral a esta trincheira, que figura no desenho anexo à conferência de 2.º grau de 3 e 12 de dezembro de 1882, na condição de todas as despesas de construção das oficinas de engenharia, da cantina e do muro de vedação dos bairros mistos ficarem a cargo do serviço civil; e, consequentemente, que o Ministério da Guerra concorde também com a permuta dos terrenos referidos na ata. e a deliberação do conselho municipal de Bône de 18 de dezembro de 1882 nos pátios dos bairros Damrémont e d'Orléans"[16] .

Figura 11 Tratamento e regulação da nova doca;

Fonte: 1H 868; Archives du Shat; Vincennes

Uma das competências do departamento de Ponts et Chaussées (engenharia civil) reside no conhecimento exato das profundidades da água nas pequenas e grandes docas. É o que mostra a figura 11: escrito a vermelho, "a regularização do fundo na costa - 08 m"; os pontos relativos à "dragagem geral". Mais acima, o cais e "terraplenagem em construção". Quiseram pensar em grande, e os acontecimentos justificaram as suas previsões e responderam às preocupações dos que se inquietavam com a desproporção entre as obras e o tráfego real do porto, e que previam uma grande extensão de água com cais mas sem navios. Em 1885, no mesmo ano em que se iniciaram as obras do Para cumprir o programa adotado, Ph Thomas descobriu as jazidas de fosfatos de cal na região de Tébessa"[17] .

ABERTURA DA RUE DE LA TRANCHEE

A abertura da Rue de la tranchée não é, de facto, mais do que uma vã tentativa de ligar o porto à cidade, e a imagem desta unidade transmitida pelo plano é, a nosso ver, ilusória, porque, na realidade, a rua conduz ao porto, mas, com esta ação, este aparece como uma entidade separada (Figura 12). Além disso, existe uma discrepância notável entre a importância desta questão e a forma como os projectos lhe deram resposta, sumariamente resolvida por um fragmento de rua dentro do grande projeto portuário.

Figura 12 Abertura da rue de la tranchée

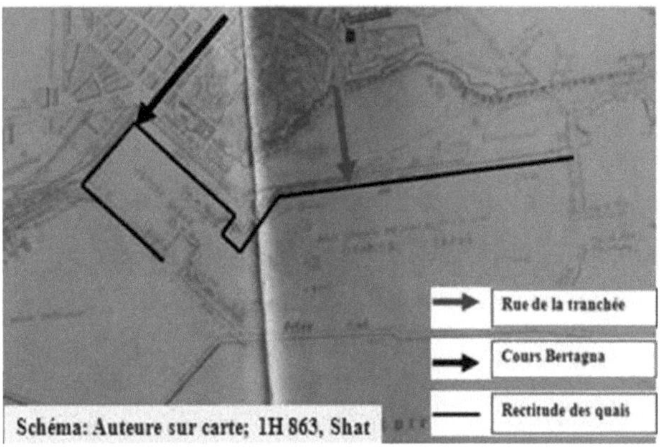

Tanto no Cours Bertagna (orientação a preto), como na abertura da rue de la tranchée (a cinzento), a orientação dos espaços da cidade de Bône é a mesma. Note-se a prevalência da orientação da estrutura de Bône para o mar, fazendo dela uma cidade resolutamente portuária. "O porto exterior oferecia a maior superfície, um ancoradouro de 8 a 14 metros de profundidade. Os trabalhos efectuados de 1885 a 1894 e interrompidos por falta de fundos de 1894 a 1899, foram retomados nessa data e, em vésperas da guerra, o programa pode considerar-se realizado. O porto estava completamente seguro e em excelentes condições; de 1906 a 1919, as operações comerciais só foram interrompidas pela rebentação durante três dias completos. Em 1901, os cais tinham 1150 m de largura no Grande Darse e 600 m de largura no Petite Darse. Mas até há pouco tempo, o equipamento continuava a ser rudimentar. Se as vias do cais eram suficientes para o tráfego, assim como as plataformas, o mesmo não se podia dizer do único hangar da Société des Phosphates de Constantine, no cais do Petite Darse, e dos hangares das companhias de navegação"[18] .

Figura 13 Vista da rue de la Tranchée ;

Fonte: Bibliothèque Nationale de France (BNF), Département cartes et plans, estampes, Richelieu, Paris.

Não é necessário alongarmo-nos sobre os aspectos práticos do traçado e da reconstrução das fortificações, tão bem dominados pelo serviço de pontes e estradas. A estrada da muralha, prolongada pela estrada das trincheiras (Figura 13), é estabelecida como uma condição estável, face às estradas provisórias abertas para as necessidades do estaleiro, destinadas a trazer pedras e areia para o local. Outra condição estabelecida pelos engenheiros era que o restabelecimento devia ser discutido numa conferência conjunta (engenharia e pontes). Quem autorizaria a construção de um ou outro tipo de estrada, provisória ou permanente? "A condição é restabelecer a continuidade da rua da muralha por uma estrada de rodagem, ou pelo menos que possa ser utilizada por cavalos, e bater os acessos para o exterior"[19] .

Tudo isto é apenas a consequência do projeto de demolição da colina de Santon. Esta época distinguiu-se, justamente, pela profusão de projectos deste tipo, tão complexos porque respondiam a uma multiplicidade de questões num só gesto (Caixa 14).

Caixa 14: Relatório da conferência conjunta;

En résumé, le comité est d'avis :
Que le ministre de la guerre peut adhérer au projet d'agrandissement du port de Bône qui a d'abord fait l'objet des conférences mixtes du 16 octobre 1882, puis de la conférence au 2ème degré des 3 – 12 décembre suivant, provoquée par l'ingénieur en chef des Ponts et Chaussées pour l'examen d'une variante sous les réserves suivantes :
1° - Tous les travaux à exécuter au bâtiment militaire qui borde la tranchée et les rampes à construire seront faites par le service du génie aux frais de l'administration civile.
2° - Il en sera de même pour les travaux de reconstruction des fortifications ; Le service des Ponts et Chaussées restant toutefois chargé de l'exécution des fermetures des portes en avant du fort Cigogne et aux débouchés de la tranchée, dont l'établissement est intimement lié à ces travaux.
3° - Tous les projets de détail de ces ouvrages seront rédigés par le service du génie et examinés dans des conférences mixtes, où l'on fixera également le montant de la somme à fournir par le service civil pour pourvoir à leur exécution. Pour copie conforme

Le colonel du Génie	**Le Général de Division**
Secrétaire	**Président**
Signé Henry	**Signé Brossonnet**

Fonte: 1H 866; Arquivos Shat; Vincennes

Na caixa, as três condições estabelecidas pelos engenheiros para que o Ministro da Guerra pudesse dar a sua aprovação e a obra pudesse avançar, mostram as diferentes formas como este departamento podia comprometer-se com a cidade, em primeiro lugar, no que diz respeito às despesas, e com o departamento de estradas e pontes, no que diz respeito à responsabilidade pela execução; o pormenor decisivo estava bem guardado nas mãos dos engenheiros. Na realidade, a enorme quantidade de material escavado resultante da remoção da crista dos santões era da exclusiva responsabilidade do departamento de estradas e pontes, decisão que levaria à questão mais sensível da deslocação das fortificações, questão a que os engenheiros estavam relutantes em ceder. "Por outro lado, será necessário permitir a remoção da parte das fortificações que se encontra no caminho"[20] .

Mas o novo traçado tinha de ser estudado imediatamente na conferência. Isto devia ser feito "de acordo com as instruções dadas pelo relator de engenharia, depois de o departamento de estradas e pontes ter marcado o limite exato da escavação a fazer, de modo a que a construção do novo recinto pudesse ser concluída mesmo antes de a escavação atingir o recinto existente"[21] .

Sobre esta questão da divisão de tarefas, as nossas investigações não nos podem levar a responder, nesta fase, nem pelo conflito de competências, nem pela procura de compromissos, uma vez que ambas as situações tiveram de se colocar sucessivamente, consoante as circunstâncias. No entanto, de um modo geral, foram os serviços de engenharia que mais monopolizaram os aspectos decisórios, graças ao controlo que exerceram sobre o território desde os primeiros anos da colonização. Nem as fortificações, por uma questão de segurança, nem a competência, pois as pontes demonstravam a sua mestria, lhes permitiam alcançar esse objetivo.

EXPANSÃO DO PORTO E SUBDIVISÃO DA CIDADE NUM ÚNICO ACTO

A questão da delimitação dos cais do porto de Bône foi objeto de longos debates numa série de conferências. Isto pode parecer confuso, porque, de qualquer modo, os cais foram traçados, construídos e, portanto, delimitados desde o início. Assim, na sua reunião de 13 de abril de 1872, o comité de defesa costeira emite um parecer sobre a ata da conferência de 13 de agosto de 1869, relativa à demarcação dos cais do porto de Bône, questão que dá lugar a um parecer do comité de fortificações, datado de 6 de julho de 1870. Entre o início dos debates em 1869, seguidos dos diferentes pareceres emitidos pelos serviços de fortificações em 1870, e 1872, data da realização do comité de defesa do litoral, a especulação sobre os terrenos que pareciam disponíveis aumentou, e o longo ciclo desta delimitação tornou-os ainda mais cobiçados (Figura 15).

Figura 15 Desenho anexo ao relatório dos engenheiros ferroviários, Bône - Ouenza

Porto - Caminho de ferro - Loteamento de cais; Bairros marítimos e loteamentos urbanos, Cidade antiga existente e cidade antiga futura (em planos de alinhamento).

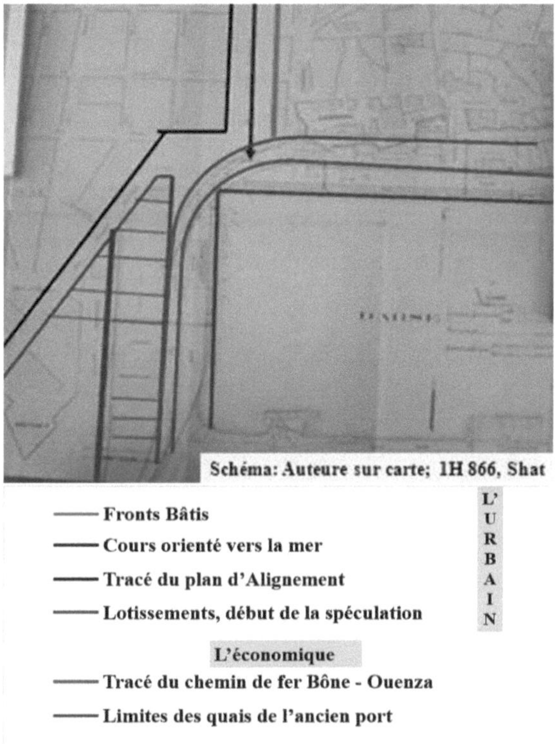

Fonte: 1H 866; arquivos Shat; Vincennes

Em 22 de maio de 1872, as conclusões da comissão são as seguintes A questão do local a reservar para a estação do caminho de ferro de Constantino a Bône, via Guelma, "deve ser adiada até que se decida, em conferência, o traçado da fortificação que deve ligar o baluarte nº 7 à muralha defensiva do molhe sul"[22] . A preponderância do traçado das fortificações e da sua construção efectiva é aqui muito clara. A disposição da estação dependeria então disso, assim como a demarcação das plataformas, que seria provavelmente o passo lógico seguinte. No entanto, esta sequência de acontecimentos não teve o efeito observado nas conferências mistas sem o projeto do porto: os cais foram fixados em 35 metros de comprimento, e os cais e o aterro eram agora o único ponto de contacto entre a água e a cidade, o que atesta o resultado esperado por esta série de conferências. Foi também necessário desativar a parte das antigas fortificações entre a rua Napoleão e o túnel da bateria das cegonhas, e demolir imediatamente a Porte de la Marine. As sucessivas composições do cais norte mostram a instabilidade de um projeto durante a sua realização e o seu confronto com as realidades do terreno. As negociações conduziram à aceitação provisória de certos alinhamentos para os estabelecimentos do arsenal e da movimentação de materiais, eles próprios provisórios, mas o que parece mais significativo é a localização do edifício provisório, que parece ter passado por várias administrações antes de se tornar finalmente o gabinete do diretor do porto: "Finalmente, afetar à marinha militar o terreno que esta repartição ocupa agora provisoriamente na extremidade leste do cais norte, reservando para a repartição de guerra o direito de erigir nesse terreno os edifícios que ligarão a bateria da cegonha à muralha defensiva do molhe leste"[23] . A sua última missão foi a do diretor do porto, que não era outro senão um engenheiro civil. Mais uma vez, este órgão parece ter sido o único a confrontar-se com os efeitos do poder da engenharia na cidade. O recurso ao processo de reserva também foi frequente: "as questões relativas à relocalização destes estabelecimentos (o arsenal e a intendência) e o alinhamento definitivo a adotar para esta parte do cais norte serão objeto de estudos e conferências posteriores"[24] . Em conclusão, as questões apresentadas e discutidas nas sucessivas conferências

DESVIO DE BOUDJIMAH

Pela sua urgência e pela necessidade de construir a estação que dela depende, ou melhor, sobre os terrenos recuperados por este desvio. Todos os membros da comissão mista estão de acordo sobre estas duas questões. "Convém, pois, convidar os engenheiros a concluir o projeto em estudo para o desvio do Boudjimah e a examinar as medidas a tomar para aplicar nesta obra os recursos especiais provenientes da venda dos terrenos urbanizados, quer à nova sociedade da estação, quer à cidade de Bône, quer à câmara de comércio, quer a particulares"[25] . A expressão "Terrenos vendidos a" remete para uma variedade de temas, todos sem dúvida ligados à urbanização. Mas, mais especificamente, as ideias já expressas sobre o desenvolvimento como ponta de lança da colonização são particularmente relevantes para a cidade e a sua inevitável expansão. A colocação no mercado e à disposição da cidade, ou mesmo de particulares, de áreas consideráveis de terrenos conquistados com o desvio do Boudjimah, deu uma nova roupagem à privatização, principal adversário dos engenheiros, até então os únicos detentores dos terrenos. Em última análise, e para considerar apenas o aspeto físico desta operação de grande envergadura, o ordenamento por licitação do valor das margens das estradas criadas pelo mesmo procedimento é um método que foi muitas vezes experimentado na metrópole[26] e cuja consequência direta foi a especulação (Figura 66). Aqui está o significado deste facto. Evidentemente, é indispensável que o antigo leito do Boudjimah seja preenchido. "Concordamos também com as disposições propostas pelos generais comandantes dos engenheiros e da artilharia relativas à construção de um parapeito de 4 metros de largura no topo e 2,5 metros de altura na margem esquerda do leito rectificado, utilizando o material escavado"[27] .

Criação de uma segunda doca

Dado que o projeto apresentado há vários anos pelo engenheiro Celler deve ser considerado como definitivamente abandonado, a administração estudará, no momento oportuno, um novo projeto tendo em conta as indicações fornecidas pela comissão mista relativamente à localização da nova doca, mas a questão deve ser reservada, uma vez que parece estabelecido que a doca atual (1875) é suficiente para as necessidades do comércio, uma vez aprofundada em toda a sua extensão.

Construção da nova estação

Os comités consideraram absolutamente indispensável abrir ao comércio e à indústria todos os terrenos do Estado situados a oeste do cais (atualmente designados por Champs de Mars) e manter a livre comunicação entre o cais e a Porte d'Hippone, que dá acesso à estrada de Guelma. Por conseguinte, a nova estação teve de ser construída inteiramente fora das fortificações, em terrenos do Estado que se estendiam até ao novo leito do Boudjimah. Em todo o caso, esta solução já não coloca problemas, graças aos acordos estabelecidos entre os responsáveis (generais comandantes dos engenheiros) e os da artilharia. Estes últimos já tinham sido obrigados a colaborar para completar o cerco das fortificações da praça, desde o baluarte 7 até ao cais oeste da doca, medidas que apenas levariam os serviços civis a efetuar um trabalho pouco dispendioso. A solução foi entregar o terreno ao comércio e à indústria, mesmo que para isso fosse necessário colocar a estação fora das muralhas, correndo o risco de, para evitar que a estação atraísse ataques dos nativos. O traçado indicado para a nova estação é uma reprodução do traçado estudado pelos engenheiros de controlo dos caminhos-de-ferro e pelo engenheiro da empresa Mokta; este esboço de plano, elaborado para apoiar a conferência, foi entregue diretamente pelo

Prefeito depois de o ter consultado (Figura 16). A nova estação teria uma área de cerca de 7 hectares; é provável que esta área possa ser reduzida para 5 hectares, de acordo com as previsões do conselho geral do departamento; estão previstas grandes proporções para todas as instalações ferroviárias, de modo a que todas as necessidades de tráfego possam ser satisfeitas quando as transacções comerciais se desenvolverem como previsto. As vias afectas ao serviço de mercadorias no interior da estação seriam ligadas diretamente e sem placas giratórias, o que é muito importante, às plataformas oeste e sul do cais; haveria mesmo um local próximo da esquina destas duas plataformas para o estabelecimento de ramais, o que facilitaria muito a circulação das mercadorias.

O espaço reservado no interesse da defesa, entre a estação e as fortificações, justificaria a criação de uma nova praça neste ponto, que proporcionaria um acesso cómodo aos passageiros e contribuiria para o embelezamento da cidade. O presidente da Câmara de Bône insistiu com os engenheiros para que a rua da estação, paralela às plataformas, não fosse obstruída por nenhum edifício suspenso; a proposta de uma rua com 15 m de largura não seria exagerada, tendo em conta o movimento provável de automóveis com destino à estação. Para além disso, todos os arruamentos perpendiculares às plataformas deverão ter 12 m de largura, pois é importante abrir grandes superfícies comerciais numa zona onde, a breve trecho, se concentrará a maior parte do comércio local. É importante sublinhar a construção concertada mas mecânica das ruas e praças da zona comercial. "Mostrámos na planta anexa o traçado das grandes vias públicas que poderiam ser criadas entre a nova estação e a estrada de Guelma. Trata-se de simples indicações que dão uma ideia da utilização que poderia ser dada aos terrenos do Estado a conceder e não prejudicam de modo algum a questão do loteamento desses terrenos, questão que deverá ser estudada o mais rapidamente possível pelos serviços interessados"[28] .

Desoneração das servidões militares.

Em 22 de fevereiro de 1875, o Ministro da Guerra autorizou este desconto em condições que se afiguram compatíveis com as necessidades dos serviços civis.

Loteamento de terrenos.

Como se pode ver no plano, a urbanização a adotar para os terrenos situados a oeste do porto é essencialmente comercial e será imediatamente posta à venda. É interessante verificar em que medida o porto faz parte da cidade e do empreendimento. Os lotes 31, 32, 33 e 34, que se estendem ao longo do cais norte da doca, serão arrendados de comum acordo entre os serviços de pontes, engenharia, artilharia e inspeção geral das construções civis da Argélia. Argel, 16 de março de 1875: "Temos a honra de informar o Comité de Fortificações que, por decisão de hoje, o Ministro aprovou estes assuntos no que diz respeito ao Ministério da Guerra. Parecer do Inspetor Geral das Obras Civis, Porto de Bône, vias de acesso, loteamento de terrenos e construção de uma estação, de acordo com a conferência conjunta"[29] .

No entanto, é fundamental recordar o contributo do Inspetor Geral das Obras Civis, que esteve mais relacionado com as obras urbanas (conjuntos habitacionais, estradas, praças) do que com as do próprio Porto.

Figura 16 Desenho anexo ao relatório do engenheiro-chefe, datado de 23 de outubro de 1876; o desenho mostra o grande projeto do novo porto, incluindo uma bacia de retorno para recolher a água dos canais de escoamento, a estação ferroviária, os bairros urbanos e a cidade a avançar para o interior.

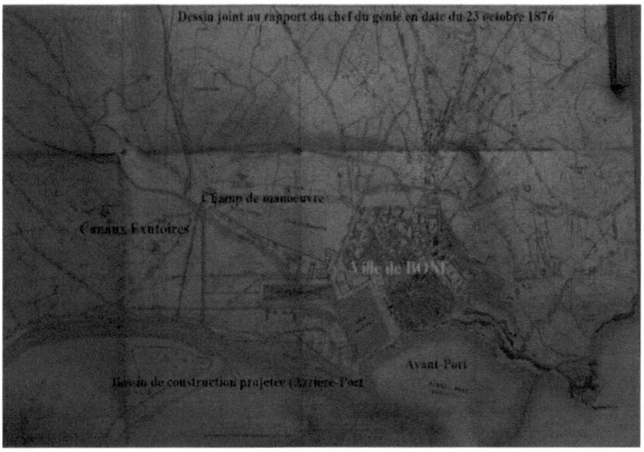

Fonte: 1H 866; arquivos Shat; Vincennes

A cidade-porto de Bône e a sua zona envolvente estão representadas na sua totalidade neste esquema. Este diagrama mostra, sobretudo, a ambição de integrar as zonas urbanas e periurbanas e de incluir inúmeros projectos, incluindo os dos portos interiores da cidade. vale. Bône é uma cidade de água, com pântanos e canais no vale do Seybouse, portos e mar na periferia. A figura 17 resume factos extremamente complexos. De facto, apenas pela sua leitura e respeitando uma certa gradação na escala dos elementos a ler e a transcrever, o mapa mostra sobretudo como os "polígonos excepcionais" se inserem num projeto portuário, mas também no conjunto urbano. Percebemos até que ponto esta área continuou a ser objeto de tratamento especial e mesmo de cobiça, de tal modo que só ela reúne as potencialidades de vários ramos da economia e do desenvolvimento da cidade. Mas mais do que o facto físico-espacial, os micro-territórios que Moulinier retoma são delimitados com precisão, porque cada um conhecerá a atribuição que convém à lógica do corpo encarregado de o apropriar. O desenho, que por si só defende a divisão em micro territórios, é ilustrativo: a via "reguladora" é a causa ou o efeito? Acontece que aquilo que, na nossa abordagem explicativa, corresponde à procura e subsequente destaque de territórios (urbanos, portuários, micro...), não é outra coisa senão aquilo a que o génio se refere como "polígonos excepcionais". Também estes são objeto de longos e complexos debates entre os actores envolvidos. Mesmo o corpo de engenheiros parecia dividido entre a artilharia, a marinha, que nada tinha a ver com o empreendimento portuário, e as fortificações; não esqueçamos o papel preponderante desempenhado pelo departamento de estradas e pontes em toda a implementação do porto (conceção, construção, exploração). Respetivamente, cada um destes organismos pretendia defender o seu domínio sobre um determinado território, quer através da força da lei, quer através das intervenções do Ministro da Guerra, que por vezes desempenhava o papel de mediador para aliviar as tensões, mas também através da perícia na matéria que o caracterizou durante este longo período de execução. A faixa de água era inevitavelmente da responsabilidade da marinha que, por vezes, tinha de intervir em questões de segurança costeira; a parte a amarelo no mapa da figura 18 foi objeto de longas disputas entre as pontes e a artilharia; quanto ao polígono a roxo, continuava a ser o microterritório mais cobiçado por várias razões: segurança, para as fortificações e para a marinha, operacionalidade para o porto, desenvolvimento para a cidade e pela latência de um corpo até então discreto "os edifícios civis" surpreendentemente apoiados pelas pontes e estradas que lideraram a luta neste terreno para o libertar da servidão militar, mais do que outros corpos[30] .

Figura 17 Esquema do limite da zona de servidão; a violeta, o polígono excecional livre de todas as servidões, cedido definitivamente à gestão do "Porto de Bône" em 1893.

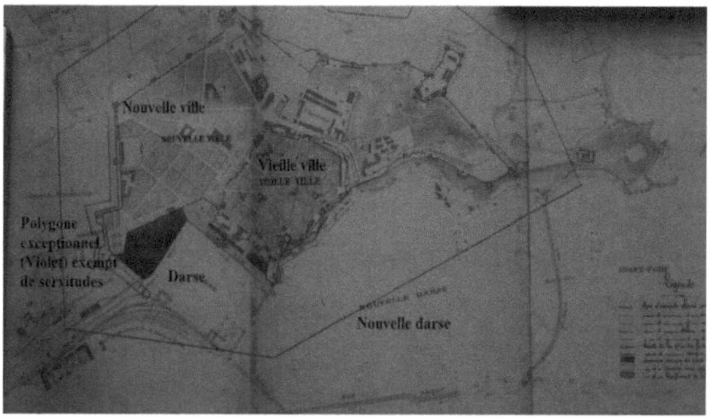

Fonte: 1H 862; 1893

Um dos polígonos de exceção utilizados para a construção do porto está representado a roxo. Um polígono de exceção não é mais do que uma abordagem, ela própria excecional, para que os engenheiros militares cedam uma parte do seu território em benefício de outras entidades governamentais (Cidade, Estradas e Pontes, Porto, Marinha, Artilharia, etc.).

CONCLUSÃO

Como todos os portos situados em zonas urbanas, o porto de Bône faz parte de uma problemática portuária e de uma problemática urbana. Além disso, aqui, Bône e o seu porto identificam-se mutuamente. Os estudos realizados pelos engenheiros de pontes e estradas, iniciados em 1849, baseiam-se certamente em argumentos de conotação técnica e mostram também o seu peso em termos de tomada de decisões, mas informaram-nos sobre o que pode ser um "projeto" para este poderoso organismo. Em relação à necessidade de conhecimento que orienta as nossas investigações, os momentos de implementação do projeto e da sua realização ou execução concreta, estão distantes e remetem-nos para as questões do peso das ideias na criação efectiva dos espaços. Mesmo as promessas de prosperidade para Bône através da expansão do seu porto não foram ao ponto de autorizar o corpo de pontes a derrogar as suas regras de composição, que deviam ser respeitadas. A arte da composição, que habitualmente entendemos como o jogo de configurações geométricas e a conformidade com as regras clássicas praticadas na época, incitou-nos, juntamente com as práticas de projeto do departamento de pontes e estradas, a alargar esta visão à dinâmica de adaptação dos traçados geométricos aos imperativos técnicos e funcionais de um porto. Isto não impediu que o porto de Bône fosse também uma construção "estética", mas não prioritária. Deste ponto de vista, a cultura dos atlas deve ser vista simultaneamente como uma referência para as competências das pontes e, sobretudo, como um catálogo revelador de uma ordem de possibilidades. Também neste caso, a longa duração dos debates teve o seu efeito. A luta entre os serviços de engenharia e os serviços de estradas e pontes não só estabeleceu a ideia de que o consenso deve prevalecer, mas também, em situações cruciais, afirmou a primazia dos segundos sobre os primeiros, quando o contrário era frequentemente aceite. A relação de Bône com o seu porto desempenhou um papel importante na estruturação do conjunto. Mas no que diz respeito à divisão entre o porto e a cidade, mais uma vez uma oportunidade de arranjo, este sistema portuário dá a Bône um território com um perfil plural. Vemos isso em termos de todas as oportunidades que oferece, tanto económicas como urbanas. Pode parecer paradoxal considerá-lo como uma oportunidade urbanística, porque os novos equipamentos (o bairro marítimo a norte e o terreplein de Souleyre a sul) são conhecidos unicamente como estruturas portuárias. Foram uma oportunidade devido à expansão urbana que provocaram e que não pode deixar de lhes estar associada: desvio da Boudjimah, criação de uma segunda doca e de uma estação ferroviária, desobrigação de servidões militares, criação de loteamentos... Em nossa opinião, o facto de estes sistemas serem portuários e especializados no sentido estrito do termo não deve obscurecer a dinâmica que proporcionam, mesmo que no seu interior tenham sido fragmentados em unidades económicas com exigências de desempenho.

DOCUMENTOS

Apêndices (I) - Transcrições das conferências conjuntas

Relatório do Chefe de Batalhão Grimaud, Chefe dos Engenheiros, sobre o pedido de desmantelamento de certas partes do recinto e do seu prolongamento (Pedido do Inspetor Geral de Engenharia no seu despacho de inspeção de 1884)

Note-se que existe uma relação direta entre a desativação do recinto e a expansão do porto. Tendo o conselho municipal de Bône manifestado o desejo de que o cais norte da doca do porto de Bône fosse alargado através da deslocação dos estabelecimentos militares que se encontram em frente a este cais e que, por conseguinte, a frente 1-2 fosse demolida, o governador civil geral da Argélia ordenou, a 10 de julho de 1872, que esta questão fosse examinada em conferências regulamentares realizadas entre os diferentes serviços interessados e nas quais seriam ouvidos os representantes do conselho municipal e da câmara de comércio. Estas conferências tiveram lugar a 30 de julho, 14 de agosto e 4 de dezembro e, a 17 de maio de 1873, o Ministro da Guerra anunciava que a cidade não estava em condições de fazer propostas explícitas e que não havia razão para dar seguimento a estes pedidos. A 18 de novembro de 1879, a Câmara Municipal aprova novamente uma resolução que solicita a transferência dos edifícios militares situados na linha da frente 1-2. Um despacho de 17 de fevereiro seguinte do Sr. Le Général Commandant Supérieur du Génie ordena uma nova conferência sobre o assunto, que só se realiza em 29 de abril de 1881. Nesta conferência, o chefe dos engenheiros recorda ao deputado[er] , representante do município, que o ministro, no seu despacho de 17 de maio de 1873, tinha feito saber que não tinha dado seguimento às conferências de 1872, porque o município não tinha podido designar os terrenos onde poderiam ser construídos os novos estabelecimentos militares que substituiriam os antigos, nem indicar quando poderia pagar as despesas de construção. Nesta conferência, foram designados locais para a reconstrução do arsenal de maneio e artilharia, mas nenhum para a subdivisão do Quartel de Engenharia.Nesta última conferência, o município alargou as suas reivindicações, propondo a demolição do recinto desde a porta de Karézas até à doca e a sua substituição por outro recinto que englobasse a zona de manobras, o pátio das forragens e todo o terreno à esquerda da estrada de Constantine até ao desvio do Boudjimah, onde se encontram as estações das companhias de Bône-Guelma e Mokta-el-Hadid. Num despacho de 10 de maio de 1882, o Ministro, depois de ter examinado as propostas apresentadas nesta conferência, anuncia que mantém pura e simplesmente a sua decisão de 17 de maio de 1873. Na sequência destas diversas conferências, a cidade solicitou a demolição da frente 1-2 e de todos os estabelecimentos militares a ela ligados, antes da demolição da parte da cerca entre a porta de Karezas e a doca, e comprometeu-se a avançar esta última, de modo a estender a cidade até à ponte de Hyppone. Comprometeu-se igualmente a suportar todos os custos de reconstrução dos edifícios militares e da nova muralha da cidade, na condição de lhe serem entregues todos os terrenos militares que ficassem assim disponíveis; substituiria a atual zona de manobras por outra zona de manobras junto à praça, cujos custos de aquisição suportaria. A frente 1-2, que vai do arsenal à artilharia, do Forte Stork ao Baluarte 2, continua a ter uma servidão sobre o cais Norte, embora atenuada pela criação do polígono excecional neste cais. É certo que as servidões da fachada 1-2 não são motivadas por quaisquer considerações de defesa, uma vez que o cais Norte e, consequentemente, a cidade, estão suficientemente protegidos pelo forte da cegonha, que fecha a praça e sob o qual existe uma passagem defensiva para comunicação, e pela largura da doca, que impede quaisquer surpresas deste lado.A desativação próxima desta frente estava prevista na decisão ministerial de 29 de julho de 1876, que aprovava o parecer da comissão de 27 de junho de 1876, e o Comandante Geral Superior dos Engenheiros na Argélia, ao recusar um pedido de construção, admitia no seu despacho n.º 61 de 11 de janeiro de

1879 que a Frente 1-2 seria desactivada em breve.

Nestas condições, o serviço de engenharia pede esta desclassificação, não só no interesse dos civis que dela beneficiarão, mas sobretudo no seu próprio interesse, para se desembaraçar de um sistema de vigilância pesado e gerador de muita burocracia. A intenção é modificar o recinto a partir do portão de Karézas, englobando a zona de manobras e o parque forrageiro, e prolongar o recinto ao longo da margem esquerda do desvio de Boudjimah. As razões invocadas para justificar este prolongamento são as seguintes

1° a falta de terrenos para construção no local atual. Basta olhar para a cidade para constatar que ainda existem muitos lotes de construção, casas térreas e de rés do chão que serão construídas num futuro próximo.

Esta medida permitirá alojar os futuros aumentos de população.

2° facilitar as comunicações entre a cidade e as estações, proteger estas estações contra incursões inimigas e eliminar as servidões deste lado das estações.

As comunicações não serão mais fáceis; o acesso às estações faz-se pela estrada de Hyppone e por várias saídas no cais sul, uma vez que a supressão do recinto não permite a construção de saídas suplementares. Atualmente, as estações são cortadas pelo rio Boudjimah a sul e pelo recinto do parque forrageiro a sudoeste, um recinto defensivo ou fácil de tornar defensivo; por último, a zona de manobras forma uma esplanada aberta e fácil de vigiar, graças à linha de casas que ultrapassa a zona, na estrada de Hyppone. Este terreno, batido pelo parque de forragem e pela fonte 11-10, bem como por esta linha de casas, não é facilmente acessível ao inimigo que possa querer surpreender os postos.

Isto significa que as estações ficam protegidas de qualquer ataque, que as servidões não são necessárias e que seria possível satisfazer os interesses civis eliminando-as e criando um polígono excecional em frente à frente que se estende desde o cais até à Porte d'Hyppone.

3° limpeza da zona de manobra;

O faubourg Saint-Anne, já coberto de edifícios, não é mais saudável; os fumos das planícies circundantes e das comportas de drenagem existirão sempre, e a aglomeração da população em terrenos baixos onde não é possível construir esgotos criará, pelo contrário, uma nova fonte de infeção. Para além disso, é difícil dizer quando é que estes terrenos poderão ser cobertos por edifícios, quando os planos de criação de uma zona marítima no lado exterior do porto levarem à deslocação de empresas para esta área.

Assim, do ponto de vista dos interesses civis, não há qualquer vantagem em alargar o recinto, e muito menos do ponto de vista da defesa. O projeto do novo recinto, tal como solicitado, alargaria a praça do lado das alturas mais ameaçadas, a de Bou Hamra e a de Boughantas, que teriam necessariamente de ser ocupadas por obras permanentes.

A cidade estender-se-á em toda a sua extensão, não menos de 3 quilómetros, desde a nova Porta de Hyppone até à Porta de Caroubiers; o recinto removido tem apenas 880 metros de comprimento, enquanto o recinto proposto teria cerca de 3170 metros de comprimento, ou seja, mais 2290 metros; isto daria ao perímetro da praça, incluindo a Kasbah, um desenvolvimento de 7 quilómetros e 800 metros. Uma cidade ainda pouco povoada, com uma população heterogénea, em parte italiana e nem toda igualmente segura, só pode ser segura se existir um recinto de dimensões modestas, fácil de vigiar e de navegar.

O alargamento das muralhas enfraquece a cidade, devido à extensão das muralhas, às distâncias a percorrer, às dificuldades de vigilância e à maior facilidade de entrar em pânico. Hoje, como antigamente, uma cidade precisa de um recinto que englobe o núcleo da cidade e de postos destacados no exterior, ocupando os pontos importantes; desta forma, a parte mais pusilânime da guarnição pode ficar dentro do recinto e os bons nos postos avançados. Se tudo for incluído num recinto demasiado vasto, os defensores terão de ser mais numerosos e é de perguntar se, em caso de guerra, as praças da Argélia poderiam ser dotadas de guarnições suficientes se todas elas, como geralmente se pede, se estendessem para além dos limites actuais.

Se retirássemos uma parte do recinto e o alargássemos, talvez fosse conveniente retirá-lo totalmente, pois já não teria grande valor. Esta ampliação seria um peso para a guerra, sem eficácia para a defesa, e quanto à sua remoção, seria sempre tempo de a população sufocar neste recinto, como diz o ditado, o que não pode acontecer tão cedo. Finalmente, sem qualquer conferência ou pedido sobre o assunto, a cidade gostaria de ver desaparecer as frentes marítimas desde o Forte da Cegonha, inclusive, para além da Frente 1-2, ou pelo menos a Frente 9, desde a Porta da Casbah até ao Saliente do Baluarte 31.

Esta questão foi submetida ao Inspetor-Geral de Engenharia em 1879, que afirmou, no seu despacho deixado no local:

"Esta medida teria o inconveniente de eliminar toda a segurança do lado do mar, uma vez que os dois molhes do porto exterior, que deixam entre si um espaço de 400 metros e que, contrariamente ao projeto inicial, não receberam nem uma organização defensiva nem uma bateria no seu focinho, não podem ser considerados como um complemento do recinto. O Chefe de Engenharia esforçar-se-á, nas conferências que se realizarão sobre este assunto, por dar a maior consideração aos interesses civis e, em particular, por facilitar a extensão do polígono excecional; mas especificará a manutenção das frentes marítimas como uma das condições para o apoio do departamento de engenharia".

Na última conferência, realizada em 16 de outubro de 1882, sobre o projeto de ampliação do porto e de criação de um novo bairro marítimo no porto exterior, situado em frente das frentes de mar, os serviços civis não pediram a demolição dessas frentes. O polígono excecional criado nos terrenos em frente às frentes de mar, que permite a construção até uma altura de 15 metros, parece suscetível de satisfazer todas as necessidades. A questão da demolição das frentes marítimas não parece, por conseguinte, suscetível de ser retomada durante muito tempo.

Declaração do projeto de extensão

Apesar do pouco sucesso que o projeto de prolongamento das muralhas de Bône possa ter junto das autoridades militares, em resultado das considerações acima expostas do ponto de vista defensivo, vamos analisar os vários pormenores deste projeto e as consequências que dele resultariam. A atual cerca, que deve ser deslocada, deixa um espaço de 170 metros entre o cais e o baluarte 7. Este desnível foi deixado apesar do projeto adotado pelo Ministro em 3 de agosto de 1875, na sequência dos vários projectos em estudo, de ampliar a doca e de construir a estação ferroviária Bône-Guelma no interior da cerca, no cais oeste da doca.

O novo recinto, que o município pede que seja construído para substituir o que se situa entre o cais e o portão de Karézas, partiria deste portão, que seria conservado, seguiria pelo lado esquerdo da estrada de Philippeville e seria ligado ao muro de fecho do parque forrageiro, que seria conservado como o recinto da praça, embora com menos resistência; Atravessaria depois a estrada de Constantino junto à ponte de Hyppone, onde o portão de Hyppone, que tinha sido retirado, seria reconstruído por detrás, e seguiria depois pela margem esquerda do desvio de Boudjimah e pela orla marítima até à ligação com o molhe que fecha a entrada da doca em frente ao Forte Stork.

Nesta última parte do projeto, o recinto foi traçado paralelamente à costa marítima, embora as águas estejam a subir um pouco todos os anos para o interior, o que obrigou ao abandono da bateria ferroviária; o departamento de pontes e estradas planeou represar a margem direita do Seybouse na sua foz, continuando o represamento até ao molhe sul do porto exterior; Este aterro é necessário para proteger a estação ferroviária de Mokta-El-Hadid, que de outra forma seria inundada mais cedo ou mais tarde; uma vez concluído este aterro, o recinto poderia seguir o traçado do projeto e até ser antecipado se o aterro chegasse ao mar; caso contrário, o traçado teria de ser mantido muito mais atrás, partindo da bateria prevista na foz e do desvio do Boudjimah, numa linha paralela à estação acima referida. No interior deste novo recinto, seria mantida uma zona de fortificação interna, que serviria de rua de muralha, e o armamento da parte retirada seria para aí transferido através da construção de 3 baterias, uma das quais, na foz do Boudjimah, conteria as 6 peças de artilharia de campanha de 4 peças atualmente colocadas entre o darse e o baluarte 7, destinadas a bater a planície da margem direita do Seybouse, o curso do Seybouse e a ponte da Calle sobre este rio, bem como as estradas que a ele conduzem. Esta bateria seria montada como um pequeno quadrado fechado, com o pátio de forragem a formar outro. Uma segunda bateria seria colocada perto da nova Porte d'Hyppone, e continuaria as duas partes atualmente no Bastião 7.

Apêndices (II) - Transcrições

APÊNDICE PV Conferência de encaminhamento do porto de Bône / Defesas 1858

EXTRACTO DE CÓPIA
DO REGISTO DAS REUNIÕES DO COMITÉ DAS FORTIFICAÇÕES
Reunião de 5 de fevereiro de 1858

Bône

Ata de uma conferência sobre o traçado do porto de Bône e a organização das suas defesas Ver o plano anexo à ata da conferência de 29 de novembro de 1856 O Ministro da Guerra reenviou à comissão para exame a ata de uma conferência realizada em Bône, em 29 de novembro de 1856, entre representantes dos serviços de artilharia, engenharia, marinha e estradas. Esta conferência sobre o traçado definitivo do porto de Bône e a organização das suas defesas tinha sido solicitada pela Comissão de Fortificações no seu parecer de 10 de julho de 1856, como sendo essencial para o estudo do traçado das frentes marítimas das novas muralhas desta cidade. No entanto, neste parecer, a comissão indicava ao engenheiro-chefe as bases do projeto a estudar para cercar a cidade do lado da doca projectada e para ligar o dique sul do porto às novas fortificações, abrindo o porto de acordo com as disposições estabelecidas numa decisão ministerial de 4 de junho de 1851. De acordo com estas instruções, o engenheiro-chefe propõe que o bordo do cais noroeste da doca e o muro de cortina por detrás dele sejam traçados paralelamente ao alinhamento dado pelo moinho de Labaille, e primeiro, a partir deste moinho, 18 metros para a largura da rua militar, 1 metro para o local do muro defensivo, e 40 metros para o cais da doca, além disso, pede : 1° que este cais permaneça inteiramente livre de qualquer construção ou depósito permanente, de modo a que nada impeça a ação defensiva da muralha perimetral da cidade, 2° que a extremidade ocidental do molhe sul seja construída, a partir do ponto 8, situado a 35 metros da localização do pan coupé no fundo do darse, até que se realize uma conferência especial para estudar a ligação entre o dique sul e o recinto da praça e a ligação prevista com a doca do canal de Boudjimah; 3° que a albufeira do molhe sul seja aumentada para 32 metros de largura para acolher uma bateria e que a albufeira do molhe de Bab-Ayaud seja disposta de modo a acolher uma estrutura defensiva ladeada de um lado pela bateria do Leão e do outro pelo molhe sul.O comandante da artilharia aceitou as disposições defensivas propostas pelo chefe dos engenheiros; indicou também que a bateria do molhe de Bab-Ayaud deveria ser fechada na garganta, equipada com sete canhões e conter alojamento para 50 a 60 homens, e que a bateria do molhe sul poderia ser equipada para cinco canhões com uma casa de guarda e uma loja. O engenheiro civil concordou com as propostas do engenheiro-chefe, com exceção da proibição de construir no cais das docas; pediu total liberdade para construir armazéns para guardar mercadorias, bem como as instalações necessárias para instalar postos de vigilância. O diretor do porto pede igualmente autorização para construir no cais do porto gabinetes de saúde, barracas de reparação e de reconstrução de embarcações, lojas de material e depósitos de combustível. Antes de encerrar a ata, os membros da conferência acordaram em suprimir a passagem de 150 metros entre a ponta de Bab-Ayaud e o molhe oriental, em coroar o molhe com um muro de pelo menos seis metros de altura, em deslocar o molhe sul mais para sul nas margens, a fim de prolongar o cais e permitir o estabelecimento de uma praia de varadouro necessária à reparação de navios e embarcações e, por último, em deslocar o molhe sul mais para sul nas margens, a fim de prolongar o cais e permitir o estabelecimento de uma praia de varadouro necessária à reparação de navios e embarcações. Os directores da artilharia e das fortificações aprovam as propostas e as conclusões da ata da conferência, nomeadamente a supressão da passagem de Bab-Ayaud. O engenheiro-chefe das estradas e pontes opõe-se à redução do espaço destinado à doca, construindo o muro do cais noroeste a 56 metros do moinho de Labaille; pede que esta distância seja reduzida para 45 metros, dos quais 12 metros para a rua da muralha, 1 metro para a fortificação e 32 metros para o cais. Quanto às outras modificações propostas ao projeto do porto, aceites pelo Ministro da Guerra, considera que deve reservar a sua opinião até que a experiência tenha fornecido elementos que permitam resolver a questão de forma satisfatória. No entanto, não tinha qualquer objeção ao alargamento das bocas, mas na condição de as despesas excedentárias daí resultantes serem pagas a partir dos fundos especialmente atribuídos ao departamento de engenharia.

Relativamente aos edifícios a erigir no cais, o engenheiro-chefe pede que lhe seja permitido instalar livremente todos os barracões, lojas e fornos de cal necessários ao seu serviço durante a construção do porto, comprometendo-se a esvaziar os locais à primeira requisição das autoridades militares e, em qualquer caso, após a conclusão do porto. Além disso, apoiava as propostas do engenheiro ordinário e do diretor do porto de reservar locais para os abrigos necessários ao comércio e à vigilância do porto; no entanto, considerava que estes abrigos deveriam ser de madeira, não fixos ao solo e sujeitos à condição de serem demolidos em caso de guerra. O comandante dos engenheiros superiores aprovou o traçado do cais noroeste e do recinto por detrás dele, proposto pelo engenheiro-chefe, notando que deveria ser construído um banco com declive no interior do muro do recinto, reduzindo a largura efectiva da rua militar para cerca de 12 metros. Adoptou também as disposições apresentadas para as defesas do porto. No que diz respeito ao local necessário para a instalação dos estaleiros do empreiteiro das obras portuárias, este oficial general refere que a questão foi tratada numa conferência especial realizada a 4 de abril de 1857, pelo que não é necessário voltar a levantá-la. Quanto às construções necessárias para os serviços públicos, que se propõe estabelecer ao longo da doca, o comandante superior de engenharia, embora admitindo a sua utilidade, considera que deverão ser objeto de uma decisão especial do ministro, de acordo com as disposições do decreto de 10 de agosto de 1853 sobre as servidões defensivas.

O comandante superior de artilharia aprovou a localização e a composição das baterias propostas, caso se mantivesse o projeto do porto. Considera também que são necessárias outras conferências, quer para analisar as modificações a efetuar nas baterias terrestres existentes, quer para estudar os meios de artilharia a utilizar na proteção do porto, no caso das modificações gerais solicitadas para o porto.

Anexos (III) - Transcrições - Porta de ampliação 1883

EXTRACTO DE CÓPIA

DO REGISTO DAS DELIBERAÇÕES DO COMITÉ DAS FORTIFICAÇÕES

Trabalhos conjuntos

Reunião de 20 de fevereiro de 1883 Bône

Ver desenhos e planta em anexo Nas conferências de 16 8bre 1882

E de 9 de março de 1880

Parecer do Comité sobre o projeto de ampliação do porto, emitido em cumprimento de um despacho ministerial

25 de janeiro de 1883

Por despacho de 25 de janeiro de 1883, o ministro submete à apreciação da comissão um dossier relativo ao projeto de ampliação do porto de Bône, completado pela organização de uma deliberação do conselho municipal que aceita os encargos impostos à cidade e modificado por uma nova variante proposta pelo engenheiro-chefe das estradas e pontes.

O ficheiro completo inclui

Um relatório de conferência datado de 16 8bre 1882; e desenhos anexos

Relatório do engenheiro-chefe datado de 26 8bre 1882, seguido dos pareceres do diretor e do engenheiro-chefe geral.

Ata suplementar da conferência 2ème de 3-12 de dezembro do mesmo ano, 2 desenhos em anexo.

Uma decisão do conselho municipal

Apêndices (IV) - Fontes cartográficas sobre o porto

Porto de Bône [Mapa]

GE DD- 23 (166)

Rade du fort génois et port de Bône [Documento Cartográfico]

GE FF- 2738 (83)

Documentos - Anexos (V) - Procedimentos

Como é que a história urbana deve ser classificada e que espaços devem ser abrangidos?

O porto é provavelmente uma das zonas estruturantes de Bône.

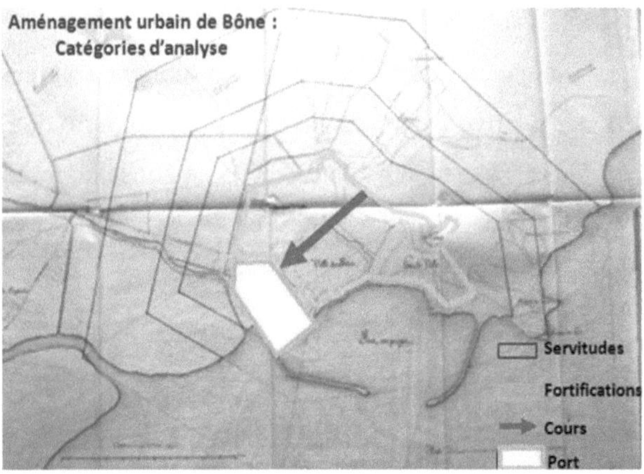

Fonte: esquema do autor sobre mapa de Bône de 1878

Decifrar: o polígono excecional da pequena doca do lado oeste

/ Duas leituras (Engenharia e Pontes)

Jacquier (P&C) 13 Juillet 1893 Moulinier (génie) 3 Août 1893

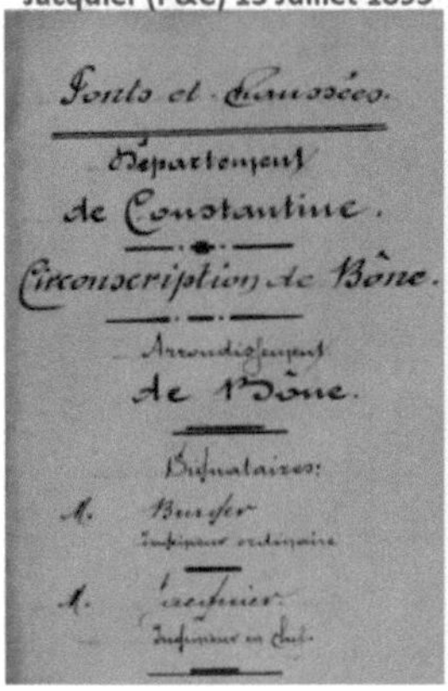

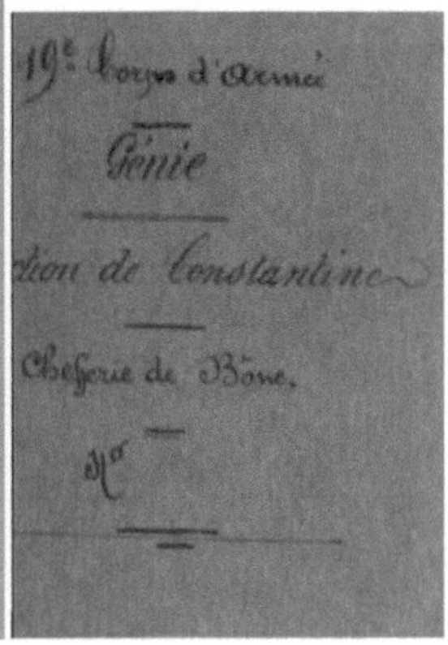

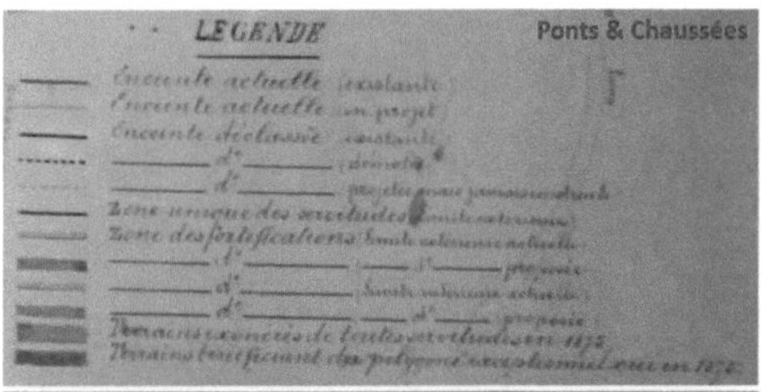

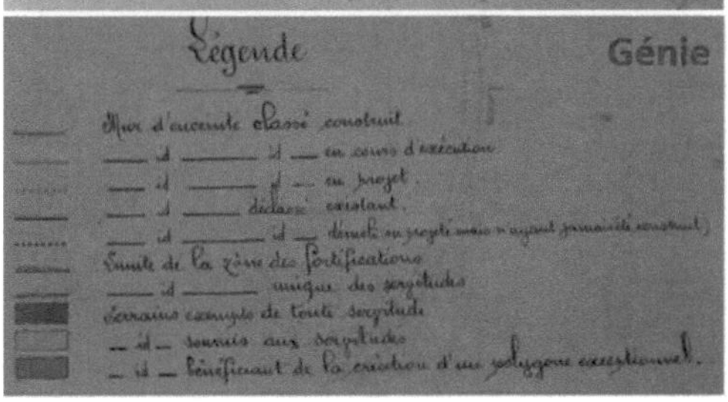

Apêndices (VI)

Estação e porto: um binómio funcional e estrutural

Les avants projets présentés par la compagnie concessionnaire du chemin de fer de Bône à Guelma

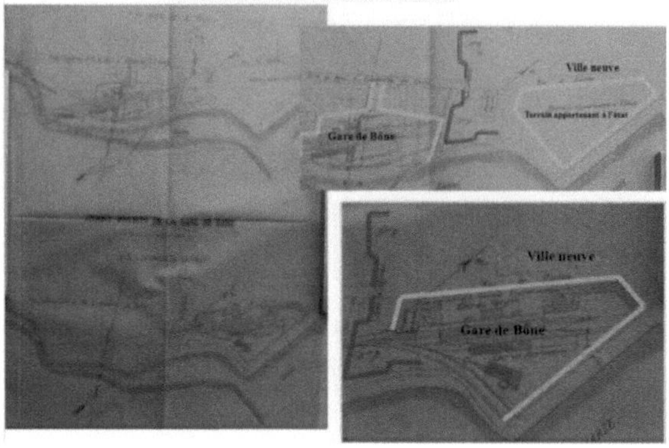

Apêndices (VII)

Na página "Primeiras ideias para um porto", adquira os reflexos da utilização dos arquivos, em que medida deve procurar: Autores, Datas, Títulos, Assinaturas e acordos, Fontes e códigos; todas as informações essenciais para utilizar os arquivos da forma mais exacta possível. Exatidão não é sinónimo de afirmação.

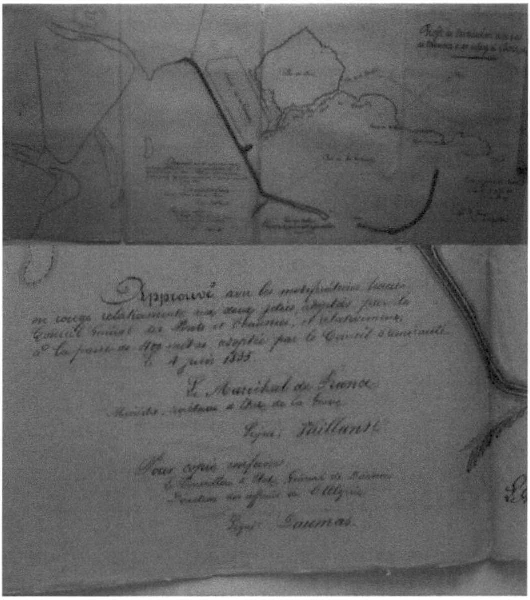

Fonte: 1H 866, Shat, Vincennes

Anexos (VIII) - Evolução dos projectos portuários de Bône

Década de 1850 (em cima à esquerda), primeiro esboço do projeto do porto; Década de 1860 (em cima à direita), relativa precisão do projeto do porto; Década de 1870 (em baixo à esquerda), quando o traçado e as profundidades se tornaram mais precisos; Década de 1880 (em baixo à direita), quando o projeto do porto da cidade tomou forma.

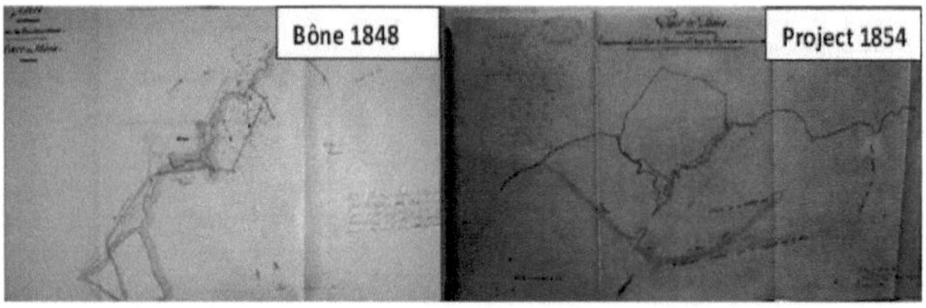

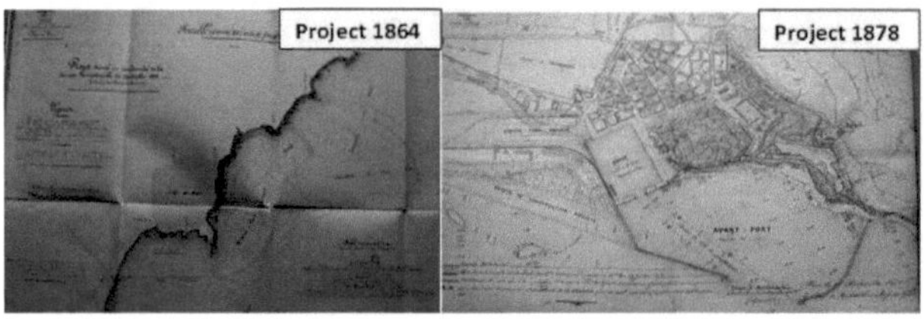

BIBLIOGRAFIA

Arquivos do Service historique de la défense (SHD), Service historique de l'armée de terre (SHAT), Sub-séries 1H 851; 1H 854; 1H 862; 1H 863; 1H 866.

Atlas de projectos de portos do Mediterrâneo, Ports étrangers, 1885-1886, BNF, Departamento cartes & plans, Richelieu, Paris

Bensaâd Redjel, N., (2009), (Sob a supervisão de), Projectos finais de planeamento urbano, Departamento de Arquitetura, Université Badji Mokhtar Annaba, Argélia.

Debrie, J., Eliot, E., Soppé, M., (2005), Un modèle transcalaire des nodalités et polarités portuaires, Mappemonde, N° 70, 3-2

Debrie, J., Eliot, E., Soppé, M., (2009), Des ports maritimes pour quels territoires? A geographical look at port decentralisation, Conferência apresentada no FIG. 09.Debrie, J., Eliot, E., Soppé, M., (2013), La relation ville-fleuve-port dans les projets urbains : acteurs et instruments d'une reconnexion (Strasbourg, Lyon), Cybergeo : Revista Europeia de Geografia [Em linha].

Gaudin, J. P., (2000), Desseins de villes : Art urbain et urbanisme, Editions L'Harmattan, 174 páginas

Graff, Ph., (2000), L'exception urbaine : Nice, Ed. Parenthèses, 171 páginas

Lespès, R., (1923), Le port de Bône et les mines de l'Est constantinois, Annales de Géographie, t. 32, n°180, pp. 526-541.

Masson, F., (2014), Trois revues institutionnelles : Le Journal de l'École polytechnique, les Annales des Mines, les Annales des Ponts et Chaussées, Revue de Synthèse, Vol. 135, Issue 2-3, pp 255-269

Prelorenzo, C., (2011), La ville portuaire, un nouveau regard, Rives méditerranéennes, 13-22.

Revue Chantiers Nord Africains, julho de 1930, janeiro de 1934, janeiro e julho de 1936, janeiro de 1937, BNF, Paris, França.

MIX
Papier aus verantwortungsvollen Quellen
Paper from responsible sources
FSC® C105338

Printed by Books on Demand GmbH, Norderstedt / Germany